AF226643

SOCIÉTÉ DE L'HISTOIRE DES COLONIES FRANÇAISES

Henri CORDIER

LE VOYAGE A LA CHINE

AU XVIIIe SIÈCLE

EXTRAIT DU JOURNAL DE M. BOUVET
COMMANDANT LE VAISSEAU DE LA COMPAGNIE DES INDES
LE « VILLEVAULT » (1765-1766)

PARIS

ÉDOUARD CHAMPION | ÉMILE LAROSE
5, QUAI MALAQUAIS, 5 | 11, RUE VICTOR-COUSIN, 11
Libraires de la Société de l'Histoire des Colonies françaises

1913

LE VOYAGE A LA CHINE

AU XVIIIe SIÈCLE

Extrait de la
REVUE DE L'HISTOIRE DES COLONIES FRANÇAISES
2ᵉ Trimestre 1913.

SOCIÉTÉ DE L'HISTOIRE DES COLONIES FRANÇAISES

Henri CORDIER

LE
VOYAGE A LA CHINE

AU XVIIIᵉ SIÈCLE

EXTRAIT DU JOURNAL DE M. BOUVET
COMMANDANT LE VAISSEAU DE LA COMPAGNIE DES INDES
LE « VILLEVAULT » (1765-1766)

PARIS

ÉDOUARD CHAMPION
5, QUAI MALAQUAIS, 5

ÉMILE LAROSE
11, RUE VICTOR-COUSIN, 11

Libraires de la Société de l'Histoire des Colonies françaises

1913

LE VOYAGE A LA CHINE

AU XVIIIe SIÈCLE

En mai 1719, un édit royal supprimait l'ancienne Compagnie des Indes Orientales et faisait remise de ses privilèges à la Compagnie d'Occident qui prit le nom de *Compagnie des Indes* et ne tarda pas à absorber toutes les autres compagnies françaises, y compris la Compagnie de Chine. Le privilège de cette Compagnie des Indes fut suspendu par un arrêt du Conseil du 13 août 1769 et la Compagnie fut dissoute le 6 avril 1770. Nous n'avons pas à entrer dans le détail de l'histoire de cette fameuse Compagnie ; bornons-nous à constater les énormes bénéfices de son commerce avec la Chine. Suivant le *Mémoire sur la Compagnie des Indes* de l'abbé MORELLET, le bénéfice de l'achat à la vente en France des marchandises de Chine fut de 1728 à 1736, de 104 1/2 °/₀ ; de 1736 à 1743, de 141 1/4 °/₀ ; de 1743 à 1756, de 116 2/3 °/₀ ; en 1764, de 85 °/₀ ; en 1765, de 82 1/2 °/₀ ; en 1766, de 71 1/2 °/₀ ; en 1767, de 68 °/₀ ; en 1768, de 67 2/3 °/₀.

J'ai expliqué le mécanisme de ce commerce de la Chine dans différents travaux dont voici les titres : *Les Marchands hanistes de Canton*, Leide, 1912, in-8. — *Le Consulat de France à Canton au xviiie siècle*, Leide, 1908, in-8. — *La Mission de M. le Chevalier d'Entrecasteaux à Canton en 1787*, Paris, 1911, in-8. Je n'y reviendrai pas. Aujourd'hui, je désire simplement donner le journal de bord de l'un des nombreux vaisseaux de la Compagnie des Indes qui faisaient le service entre Lorient et Canton. Ce journal, tiré des Archives des Colonies, CHINE, 1732-1765, n° 10, ff. 139-161, donne le récit du voyage ordinaire de Chine, par l'Ile de France, et il nous a semblé qu'il pouvait être pris comme type de l'expédition annuelle des vaisseaux de la Compagnie des Indes.

Le vaisseau de la Compagnie des Indes, le *Villevault*, commandant BOUVET, mit à la voile pour la Chine de Lorient le vendredi 1er février 1765, en même temps que le *Choiseul* et l'*Adour*; il fit route pour Cadix, reconnut les hautes terres du Cap, le 8 mai; doubla le cap des Aiguilles le 11 mai et arriva à l'Ile de France, le samedi 15, en même temps que le *Beaumont* et un vaisseau anglais; la *Paix* était en carène dans le port; le 14 juillet, le *Villevault* remettait à la mer avec le *Beaumont*, reconnaissait Madagascar; le 4 août, il passait entre les Maldives et les Laquedives; voyait Ceylan le 10 août; reconnaissait la pointe d'Atjeh le 16 et le 30 mouillait par le travers de Malacca; il prenait ensuite connaissance de Poulo Condor le 11 septembre; passait à Macao où il prenait un pilote pour Canton où il arrivait le 30 septembre.

Le *Villevault* reste à Canton pour effectuer le déchargement des marchandises qu'il a apportées de France et le chargement de sa cargaison de retour jusqu'en janvier 1766; il quitte Whampoa le jeudi 23 janvier, passant les détroits de Banka et de la Sonde; il était à l'Ile de France le 16 mars 1766 et à l'île de Groix, avec le *Beaumont*, le samedi 26 juillet 1766, ne paraissant avoir souffert d'aucun incident notable de mer.

Henri CORDIER.

Extrait du journal de M. Bouvet, Commandant le Vaisseau de la Compagnie des Indes, *Le Villevault*, pour le voyage à la Chine, armé au port de Lorient en 1765 et son retour audit port en 1766.

De Lorient a l'Ile de France.

Février 1765.

Le vendredi 1ᵉʳ février 1765. — Ayant reçu les derniers ordres de la Compagnie à 9 heures du matin, les vents favorables, je mis à la voille de la rade de Lorient et conduit par un pilote de ce port, je passai et sorti les dangers du Port Louis et ensuite je fis route pour passer à l'ouest, 20 à 25 lieues du cap Finistère.

Les vaisseaux *le Choiseul* et *l'Adour* (?) mirent sous voilles en même temps et leur ayant donné des signaux, nous aurions navigué ensemble. *L'Adour* ayant mis un peu trop tard, le vent lui manqua et fut obligé de reprendre les amarres de rade.

Le lundi 4 dudit. — Depuis mon départ, les vents me furent favorables et ce jour je passai le cap de Finistère à l'O. de 25 lieues d'estime et je pris route pour aller chercher à reconnaître le cap de Sᵗ. Vincent pour me rendre à Cadix.

Le dimanche 10. — A 11 heures du matin, j'eus connaissance du cap Sᵗ. Vincent restant à l'E. 1/4 N.-E. 10 lieues. Je fis route ensuite pour aller chercher la vue de Cadix les vents très favorables ; à l'atterrage de Sᵗ. Vincent je ne trouvai qu'une très petite différence dans ma navigation depuis la vue de l'Isle de Groix.

Pendant cette navigation, le vaisseau *le Choiseul* a le mieux marché, mais de peu de chose.

Le lundi 11. — A 9 h. 1/2 du matin, j'ai vu les terres au nord de Cadix et ensuite la ville de Rothe et peu à peu ayant gouverné sur Cadix par estime, je découvris la ville et continuai la route à bonnes voilles grand frais du Nord au N. N.-O. J'avois un signal à faire au correspondant de la Compagnie pour qu'il m'eut procuré un pilote, mais l'on ne m'avoit pas donné à Lorient le pavillon désigné, ainsi le signal n'eut point lieu. Je n'avois point été à Cadix ; j'avois un bon plan fait par M. Beslin ordonné du ministre et, un peu aidé par un matelot de mon équipage, je passai les dangers et à 3 heures apres midy je moüillai à la tête de la rade à 7 brasses d'eau. Le vaisseau *le Choiseul* gouverna sur moi et moüilla derrière moy d'une longueur de cable. Je trouvai en cette rade le vaisseau *l'Adour* qui venoit d'y moüiller, qui avoit sorti du port de Lorient le lendemain de moy. Je saluai sous voilles le chef d'escadre espagnol qui commandoit en cette rade.

Le mardi 12. — A 9 heures du matin, les Mrs de la Santé vinrent faire leurs visittes à bord de nos vaisseaux et nous fûmes après les maîtres d'aller à terre où je me rendis aussitôt pour voir M. Bechie, correspondant de la Compagnie, afin de traiter pour les matières d'argent qu'on devoit embarquer sur nos vaisseaux.

Avec les autres capitaines, je fus saluer le Gouverneur de la place et ensuite le Commandant général de la marine M^r. Navaros et, après, le Consul de la nation française, Et, seul, je fus en rade voir le Commandant de la rade qui étoit armé pour convoyer la flotte espagnole, destinée pour la Havane, au nombre de douze vaisseaux de commerce, compris ces deux vaisseaux de guerre, le sien de 74 canons et l'autre de 64.

J'ai trouvé de plus en ce port un vaisseau de guerre de 64 canons en armement pour les Isles Manilles dont la première batterie étoit en calle, commandé par Monsieur de ?, lequel étoit destiné pour aller aux Isles Manilles, passant le cap de Bonne Espérance.

Pendant mon peu de séjour à Cadix je fis connaissance avec ce capitaine de vaisseau et je sçus de lui quelques particularités de son voyage. Il attendoit deux pilotes que le Ministre en France avoit commandés, lesquels avoient servi sur les vaisseaux de la Compagnie : Les s^{rs} Mabille et Marquerie.

En datte du 12 de ce mois, je donnoi connaissance à la Compagnie de mon arrivée en cette rade, aussi au commandant du port de Lorient.

Le Mercredy et jeudi 13 et 14. — J'ay reçu à mon bord la quantité d'eau que j'avais consommée depuis mon départ de Lorient ; je fis aussi pendant ces deux jours quelques arrangements au vaisseau que je n'avais pu faire en mer.

Le vendredy et samedi 15 et 16. — L'on pesa et l'on encaissa les matières d'argent que nos trois vaisseaux devoient prendre et le 16 au soir, je reçus à mon bord la portion qui m'étoit destinée.

C D I.
V

123 caisses contenant chacune 3.000 piastres.		
1 dit° cont.	2.000	»
124 caisses.	Ensemble.	471.000 p.

Le même jour, 16, les autres capitaines et moy

après avoir pris les arrangements nécessaires avec le consul de notre nation, nous lui remîmes une certaine quantité d'hommes qui s'étoient trouvés cachés dans nos vaisseaux et qui nous furent connus après être en mer. Il s'en est trouvé dans le nombre des enfants, mousses et pilotins de 10 à 14 ans.

Le Consul nous représenta que recevant les enfants, ils couroient risques d'être perdus, qu'il convenoit mieux que nous les eussions gardés dans nos vaisseaux. Ecriture a été faite à ce sujet, et je remis cinq hommes au Consul.

Depuis le dimanche 17 au samedy 23. — Les vents ont toujours soufflé de la partie de l'ouest et même deux jours en gros temps. Aucun vaisseau ne put mettre en mer. Le 22, il entra un vaisseau de guerre espagnol de 74 canons qui venoit d'escorter des vaisseaux espagnols ; le 23, il entra aussi un vaisseau de la Compagnie de Suède destiné pour la Chine.

Le dimanche 24. — A dix heures du matin, les vents de l'Est à l'E. N. E., j'appareillai ainsi que les vaisseaux *le Choiseul* et *l'Adour* et convenu ensemble de naviguer de compagnie jusqu'aux isles du cap Verd.

Toute la flotte espagnole mit aussi sous voilles ainsi que plusieurs autres vaisseaux étrangers.

Apres avoir passé les dangers, je fis route pour aller voir une des Isles des Canaries.

Mars 1765.

Le samedi au dimanche 2 mars. — A dix heures du soir, très beau temps. Nous découvrimes l'isle de

Palmes, une des Canaries, la plus à l'Ouest, les vents nous étant un peu proche pour en passer à l'O. Je fis signal d'arriver aux deux autres vaisseaux et je fis route pour passer entre l'Isle de Ténerife et celle de Palmes. Très beau parage. Et le dimanche à midi nous estions très au large de ces isles ; à cet atterrage, je trouvai estre à 8 lieues plus à l'Est que mon estime.

Le mercredi 6 mars. — M'estimant à l'O. du cap Blanc à la côte d'Afrique d'environ 70 lieues, le vaisseau *le Choiseul* qui marchoit un peu mieux que moi se sépara. Le vaisseau *l'Adour* marchoit le plus mal. Je pris mon parti de m'en séparer et chacun fit sa route. La mienne étoit d'aller passer à l'Est des Isles du cap Verd de 30 à 40°.

Le dimanche 10. — A midi, suivant l'observation, je m'estimai à l'Est des Isles du cap Verd de 36 lieues.

Le dimanche 17. — J'étais par 5° 40^m de latitude et par 21° 40^m de longitude du méridien de Paris. Je rencontrai un petit bâtiment anglois qui faisoit route pour la côte de Guinée.

Le dimanche 24. — Par 22° de longitude à l'O. du méridien de Paris, je coupe la ligne equinoxiale et j'avois observé 6° de variation N.-O.

Avril 1765.

Le vendredi 5 avril. — Je passai la hauteur des Isles de la Trinité à l'O., par mon estime, de 8 a 10 lieues, sans les avoir vües.

Le mercredi 17. — J'étois par 30 degrés 1/2 de latitude; je mis d'autres voiles en service pour le passage du cap de Bonne Espérance. Mon estime étoit de 20 degrés 1/2 de longitude du méridien de Paris à l'Ouest.

Le vendredi 19. — J'estimois que les Isles de Tristancogne [Tristan da Cuñha] me restoient au sud de 90 lieues. J'avois alors 5 deg. 30 m. de variation N.-O. et par 17 deg. de longitude même méridien.

Mai.

Le mercredi 8 de mai. — A 6 heures du matin, très beau temps, les vents toujours depuis plusieurs jours de la partie du Sud à l'Est. J'eus connaissance de la terre depuis le N.-E. 1/4 E. à l'E. N.-E., je reconnus les hautes terres du Cap et la montagne de Table Bay de 12 à 14 lieues d'éloignement.

A cet atterrage, suivant mon estime, depuis la vue des Canaries, j'aurois trouvé estre plus à l'Est de 52 lieues. A midi j'observai la hauteur de 34 d. 15 m. La variation étoit N.-O. de 19 deg. 50 m.

Le jeudi 9. — Toujours les vents du Sud à l'Est et courant la bordée du S.-O. à O. S.-O. Je rencontrai un petit vaisseau danois qui doublait le cap pour l'Europe ; nous en passâmes à 3/4 de lieüe.

Le samedi 11 may. — Les vents me deviennent favorables et je fais route pour doubler le cap de Bonne Espérance et celui des Aiguilles. De loin nous vîmes un grand vaisseau qui tenoit la bordée de l'Ouest.

Le dimanche 12. — Les vents favorables pour moi, je vis un grand vaisseau qui couroit la bordée de l'Ouest.

Je l'ai jugé vaisseau allant en Europe. Ce jour à midi j'estimais que le cap des Aiguilles me restoit au Nord-N.-E. 36 lieües.

Le vendredi 17. — Etant suivant l'observation par 35 deg. de latitude et par 31 deg. 30 m. de longitude à l'Est du méridien de Paris, le danger, suivant un anglois, situé sur nos nouvelles cartes par 33 deg. de latitude, me restoit au nord de 32 lieues. La variation que j'observai étoit de 25 deg. 30 m. N.-O.

Le mercredi 22. — A midi, j'avois observé 34 deg. de latitude et je m'estimais par 41 deg. 20 m. de longitude du méridien de Paris et la variation était de 26 deg. 30 m. J'estimai que le bout du sud de l'isle de Madagascar me restoit au nord.

Le dimanche 26. — A midi j'avois observé la hauteur de 34 deg. et je m'estimois par 51 deg. de longitude à l'Est du méridien de Paris. J'estimais que l'Isle de Bourbon me restoit au nord.

Le mercredi 29. — Par 34 deg. 10 m. de latitude, je m'estimois N. et S. de l'Isle de France. Je commencai à prendre du nord, gouvernant de l'Est à l'E. N. E., pour élever peu à peu la latitude de l'Isle Rodrigue, à l'Est d'elle de 25 à 30 lieues. J'avois la variation de 21 deg. 30 m. N. O.

Juin 1765.

Le mercredi 12 juin. — Que j'étois suivant mon observation par le parallèle ou latitude de l'Isle Rodrigue et par mon estime à l'Est d'elle de 30 lieues,

je gouvernai du O. 1/4 N. O. à O. N. O. jusqu'au soir
6 heures et ne voyant rien que quelques oiseaux pour la
route ; pendant la nuit je gouvernai à l'O. à petite
voilure. J'avais le soir observé 10 deg. de variation
N. O.

Le samedi 15. — Ayant vu l'Isle Rodrigue je réglai
ma route et le chemin à faire pour n'avoir point d'interruption, en sorte qu'à 6 heures du matin, le jour
un peu grand, j'eus connaissance de l'Isle Ronde et
de l'Isle de France, cette première à l'O. et O. 1/4 N. O.
4 lieues. J'ai continué la route pour passer à terre des
Isles.

Depuis l'Isle Rodrigue la partie du Ouest restant au
Nord à estre Nord et Sud de l'Isle Ronde, j'ai estimé
avoir fait 99 lieues.

Apres avoir doublé l'isle du coin de Miro, je vis un
vaisseau à l'ancre aux environs de la pointe aux Cannoniers et qui mettoit sous voilles, à la pointe aux
Cannonniers. Je fis mon signal de reconnaissance à
cette batterie et peu après l'on découvrit un vaisseau à
l'arrière de nous. Et ayant approché le premier vu
sur l'avant, je le connus pour le vaisseau *Le Beaumont*
et celui de l'arrière se trouva un vaisseau anglois qui
venoit de Bengal. Ayant approché et dépassé la pointe
aux Cannoniers, les vents me refusèrent, c'est-à-dire
me vinrent contraires pour aller à l'entrée du port.
Ayant reçu un pilote du port, je louvoyai et après
quelques bordées, je mouillai au Tombeau à 6 heures
du soir pour y passer la nuit. Le vaisseau *Le Beaumont* et le vaisseau anglois y mouillèrent. J'appris par
le pilote du port que le vaisseau *La Paix* étoit en

carenne en ce port et qu'il n'avoit pas continué son voyage pour Moka où il étoit destiné.

Séjour a l'Ile de France.

Le dimanche 16. — A 6 heures du matin, la brise ordinaire du S. E., nous mîmes à la voille et nous fûmes mouiller à l'entrée du port, ainsi que le *Beaumont* et le vaisseau anglois. Vers midi, la brise souffla grand frais et dans le reste du jour l'on ne pust qu'à peine alonger une premiere toüée.

Je descendis à terre et je remis au Gouverneur et aux Préposés de la Compagnie les paquets que l'on m'avoit remis à mon depart du port de Lorient.

J'ai marqué à ces Messieurs ainsi qu'à M. de Pal-lierre l'enpressement et le désir de décharger nos vaisseaux. Ces Messieurs nous dirent qu'ils donne-roient tous leurs soins pour que cela fut ainsi, mais qu'ils avoient à nous faire observer que le port n'avoit que de tout petits secours à nous donner en hommes et en allège qu'il falloit nous aider par nous mêmes le plus que nous pourrions.

Avant que de descendre à terre sitôt que mon vais-seau fut mouillé à l'entrée du port, il me fut envoyé de la part de Messieurs les Préposés un commis des bureaux avec ordre de garder mon vaisseau pendant tout son déchargement et de plus de placer des scellés sur toutes les écoutilles de cale du vaisseau, laquelle opération fut faite en ma présence, dont écriture fut faite à ce sujet et que je signai avant de des-cendre.

Le même jour au matin arriva de Pondichéry la frégate *la Gracieuse* capitaine Bossinot qui donna des nouvelles des Indes, chargé d'en porter en Europe le plus tôt qu'il lui eût été possible.

Le lundi 17. — Toute cette journée se passa sans pouvoir toüer aucun de nos vaisseaux. La brise du S.-E. fut considérable, de plus le port impuissant n'ayant que quelques noirs, deux petites chaloupes, encore je les ai vües en très mauvais etat et quatre autres grandes échoüées sur le quai, à quoi l'on ne travailloit point, lesquelles étoient dans un extrême besoin de radoub.

Le mardi 18. — Pendant la nuit la brise tomba et de très grand matin nous levâmes nos ancres. Et nous virâmes sur nos toüées, c'est-à-dire nos deux vaisseaux et la frégate. Quant au vaisseau anglois il resta mouillé à l'entrée du port. Il ne put obtenir la permission d'y entrer.

Nous touâmes nos vaisseaux dans le port le plus avant qu'il fut possible pour accélérer nos dechargements.

Le mercredi 19. — L'on amarra nos vaisseaux et on les disposa à décharger et *le lendemain 20* on travailla au déchargement avec autant d'accélérité qu'il étoit possible. Mais des équipages fatigués de la mer et d'une traversée de trois mois et demi ne sont pas ordinairement des plus courageux. Et communément j'eus 15 à 20 noirs à aider cet équipage et j'avois encore à reprendre le vaisseau de calfatage !

Aussitôt que la frégate *la Gracieuse* fut entrée en ce port, le sieur Bossinot, capitaine, demanda qu'elle fût

carénée, parce qu'elle faisoit de l'eau et qu'il croyoit
que c'étoit à l'arrière. Aussitôt les ordres furent
donnés pour cette opération.

Ayant dédoublé cette frégate à son arrivée, l'on
trouva une des ferrures du gouvernail détachée à
l'estambot qui avoit eu beaucoup de mouvement. Les
cloux de cette ferrure ainsi que les crampes ne tenoient
que fort peu sur le bordage, lequel étoit échauffé et
même pourri, ce bordage fut délivré, les deux autres
voisins se trouvant en même état.

Le sieur Bossinot prévient sur ce sujet le Gouverneur
et M\ les Préposés de la Comp\ et à leurs réquisitions
et à celle du S\. Bossinot, Monsieur de Pallière et moy
nous fûmes voir ce dommage. Les deux bordages
délivrés faisoient en partie voir la rablure de l'estambot et les barres de l'estain ; la rablure de l'estambot
dans un espace de 8 à 10 pouces étoit endommagé de
pourriture à l'endroit de sa position avec la barre
d'hourdi. Les deux couples voisins de l'estain estoient
entièrement gastés.

On se décida a lever à cette frégate une virure des
bordages sous ses précintes et l'on découvrit que
depuis son arrivée, à l'avant il y avoit beaucoup de
ses membres gastés et plus de pourris. L'on visita le
dedans dans sa cale l'on y trouva la plupart de ses
vraigues à changer, celles dans les soutes au pain
pourries. Le marsouin, de même le bout de carlingue
suivant, en même état.

Le Rapport fait aux Messieurs préposés, ils s'y trans-
portèrent ainsi que nous et ayant bien examiné les
travaux indispensables à faire à cette frégate pour la
mettre en état de prendre la mer et ayant ensuite observé

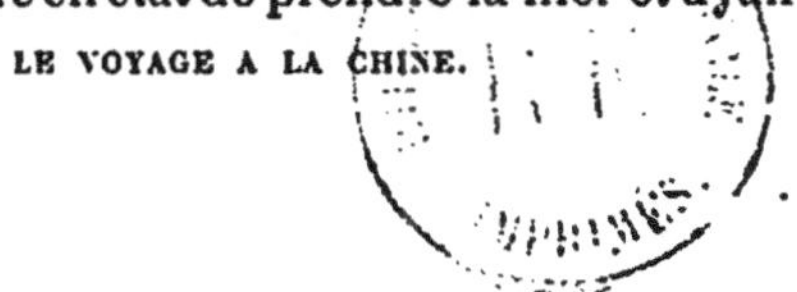

que le port étoit sans bois propre à ces travaux, quelques charpentiers seulement et un long temps à employer à ce radoub, l'on décida d'abandonner la frégate.

Ecriture fut faite sur tous ces sujets dont M**. les Préposés ont dû faire passer à la Compagnie.

Juillet 1765.

Pendant que nous faisions, Monsieur de Pallière et moi, le déchargement de nos vaisseaux, nous nous occupâmes de notre avitaillement pour la prochaine navigation dans le dessin de ne point passer à l'île de Bourbon qui nous écartait de la route à faire pour le détroit de Malac.

Pour nous conformer à l'article 38 des Ordres et Instructions que nous avons de la Compagnie nous fîmes une représentation de cet article à Messieurs les Préposés de la Compagnie qui fut inutile et nous fîmes par nous mêmes la recherche des volailles qui nous étoient nécessaires, que nous avons paiées fort cher, c'est-à-dire comme généralement les particuliers les paient.

Apres notre déchargement fait et avoir embarqué notre lest, l'eau, le bois nécessaire pour aller et revenir de la Chine, j'ai remis au vaisseau *le Beaumont*, cap. M. de Pallière, la moitié des matières d'argent que j'avois pris à Cadix qui étoit 124 caisses. Je lui en remis 60 caisses, chaque de 3000 piastres : 180000 p.

Les Messieurs préposés de la Compagnie ayant décidé d'envoyer à la Chine le vaisseau *La Paix*, il mit en mer le vendredi 21 juin pour aller par le détroit de Malac.

Avant notre départ de l'Isle de France, M'. de Pallière

me demanda comme mon vaisseau étoit en voilles. Je lui fis connoitre que je n'en avois pas de trop bonnes et que je comptais sitôt estre en mer faire travailler à celles qui ordinairement ne sont en service que pour le retour, que je craignois très fort d'être obligé de m'en servir en allant à la Chine dans le cas d'avoir du mauvais temps. Il me dit : Je suis extrêmement mal sur cet objet. Nous convînmes qu'il convenait pour n'apporter aucun retardement ny changement à notre retour en Europe de demander à M^rs. les Préposés de la Comp^ie. qu'il nous soit fait pendant notre absence à chacun une de mizaine et deux huniers dans le cas d'en avoir besoin à notre passage pour notre retour à Lorient.

M^rs. les Préposés nous répondirent qu'à une demande par écrit et motivée des raisons, ils ne pouvoient se refuser au bien du service. Cette demande a été faite ainsy et la main d'œuvre eut son execution.

DE L'ILE DE FRANCE EN CHINE.

Le dimanche 14 juillet. — A 10 heures du matin. Le vaisseau *Le Beaumont* et moy nous avons mis en mer et fait route pour aller prendre connoissance des terres du nord de Madagascar.

Le mardi 16. — A 8 heures du matin, le vaisseau *Le Beaumont* me fit le signal, lequel mit ensuite en travers et mit son petit bateau à la mer qu'il m'envoya ; il me fit dire qu'il étoit obligé de caller son petit mât de hune que le chuquet du mât de mizaine ne tenoit plus en place. Je luy envoyai mon maître

charpentier pour aider le sien et ce travail se trouva
fait à quatre heures après midy et nous fîmes route.

C'étoit le tenon du mât de mizaine dans la mortaize
du chuquet qui étoit gasté de pourriture. Le tenon du
mât de mizaine fut raccourci de 13 pouces. L'Isle de
Sable nous restoit alors au N. N.-E. de 26 à 28 lieues.

Le jeudi 18. — A 5 heures du matin, nous eûmes
connaissance de l'Isle de Madagascar au N.-O à 5 ou
6 lieues.

Aoust.

Le dimanche 4 aoust. — Par 9 degrés 10 m. de latitude observée nous estimions passer le canal entre les
Isles Maldives et Laquedives ; nous nous estimions en
longitude à l'Est du méridien de Paris à 71 deg. 30 m.

Le jeudi 8. — A 4 heures après midi, le temps un peu
brumeux nous faisant par estime par 8 deg. 20 m. de
latitude, nous vîmes la Côte Malabare et sondâmes ; à
45 brasses d'eau, sable gris très fin et vaseux ; nous
prîmes route ensuite pour aller reconnoitre l'isle de
Ceylan.

A cet atterrage, je trouvai une différence à l'Est de
34 lieues, depuis avoir quitté la vue de Madagascar.

Le samedi 10. — A midi nous vismes l'isle de Ceylan
au N.-E. et nous prîmes routte au S.-E. pour doubler
les terres les plus sud. Notre latitude étoit estimée de
6 deg. o.

A 5 heures du soir la Pointe de Galle me restoit au
N.-E. 5 d. N. 8 à 9 lieues. Nous prîmes routte à
l'E. S.-E. et ensuite au S.-E. 1/4 E. et après un certain

chemin à l'Est et E. 1/4 N.-E. pour traverser le golfe pour aller pren're connaissance de la pointe d'Achen.

Le vendredi 16. — Le jour précédent au soir, mon camarade et moi, nous convînmes de ne pas faire routte pendant la nuit et nous la passâmes en panne. Au point du jour que nous commencions à faire route nous vîmes la terre à l'E.-S.-E. 8 à 9 lieues que nous reconnûmes pour la pointe d'Achen. Et peu de temps après nous vîmes les Isles de Vay et Ronde et nous prîmes route pour passer entre elles deux et à midi nous étions entre elles ayant un vent de O. S.-O. à l'O.

De l'isle de Ceylan à l'atterrage de la pointe d'Achen je trouvai la différence à l'est de 22 lieues.

Le mardi 20. — Après avoir quitté les Isles de Vay et Ronde, nous prismes routte pour aller reconnoitre Pulo Perrat (*Pulo* en malais veut dire *Isle*) que nous avons vu ce jour à six heures du matin.

L'Ilot de Pulo Perrat est un gros rocher rond qui a la figure d'un four, qui est sans bois quelconque. Le Sieur Daprès dans son *Routier* le dit très boisé.

Le vendredi 30 aoust, à 11 heures du matin. — Les vents et la Marée nous étant contraires nous avons moüillé à 25 brasses d'eau sable et vase. Le travers de la ville de Malac qui nous restoit au N.-E. 1/4 N. de 4 lieües. Nous y vismes 3 vaisseaux à l'ancre, et quelques embarcations.

Septembre.

Suivant l'article 4 de mes instructions et les ordres de la Compagnie, elle m'autorise à traiter à Malac et dans ce détroit du colin, du poivre et des rotins, mais la saison très avancée alors ne me permit pas d'y faire ce commerce et pendant tout le temps que je mis à passer ce détroit, aucun bateau ne s'est présenté.

Le vendredi 6 de septembre dans l'après midi. — Que les vents faibles et la marée nous devint contraire, nous mouillâmes mon camarade et moy à 4o brasses d'eau fond de sable et environ deux heures après ayant levé mon ancre, elle se trouva cassée à un des bras entre la begue et la verge et certainement elle n'avoit souffert aucun effort considérable. Ordinairement cette ancre est sur les vaisseaux de la Chine par ancre de détroits avec deux cables de 8o brasses chaque que l'on épice. Ce cable est de 12 pouces et l'ancre de 1600 jusqu'à 2000.

J'en fis faire aussitôt écriture pour remettre à mon désarmement au Port de Lorient avec le reste de la narration.

Ayant levé cette ancre, la marée et un peu de vent nous vinrent favorables et nous passâmes l'Isle casée (endroit fort étroit) et à 10 heures du soir nous mouillâmes avec une grosse ancre du bossoir.

Le samedi 7. — Le matin à 7 heures nous mismes sous. voille et un fort grain de la partie du Ouest nous fit sortir le détroit à midi. La Roche nommée Pedro Blanco était doublée et le soir nous vismes Pulo Aor et dirigeâmes la routte pour aller reconnoitre l'Isle ou Pulo Condor.

Un vaisseau danois destiné pour la Chine sortait du détroit comme nous et dans le même temps.

Le mercredi 11 septembre, à 7 heures du matin. — Nous eûmes connaissance de Pulo Condor au N.-N.-O. 5 à 6 lieües. Ensuite nous prîmes routte pour aller reconnaître Pulo Sapatte, de laquelle connaissance dépend très souvent par la bonne routte pour l'atterrage à la côte de Chine et de plus vous indique le vrai passage pour éviter les dangers sous l'eau, tel que le banc de Midelbourg et autres.

Le jeudi 12. — Depuis le précédent jour nous fûmes poussés d'un grand vent du S.-O. à O.-N.-O. et j'eus mes deux huniers déchirés. Le matin 12 dudit, le vent se calma, le ciel devint plus clair et j'eus connaissance de Pulo Sapatte au nord de 7 à 8 lieues. Et j'en fis le signal à mon camarade et me trouvant sur l'avant à lui, je changeai mes deux huniers.

Nous primes routte ensuite pour aller passer les dangers sous l'eau du banc de Midelbourg et de pure dandrague et du banc des récifs.

Le dimanche 15. — Mon camarade et moy qui nous estimions avoir passé les dangers, nous convînmes que vu la saison avancée et que les vents de la mousson du N.-E. ne pourroient peut-être pas tarder à se déclarer, qu'il nous convenoit de passer à l'Est du banc des Anglois afin de nous porter dans la partie de l'Est pour atterrir aux isles de Lemes à la côte de la Chine et nous fîmes routte en conséquence au N.-N.-E. Alors le banc des Anglois nous restoit au N. 1/4 N.-O. de 30 lieues.

Le vendredi 20. — A midi nous estimions le danger du banc d'Argent ou de la Platte au N. 1/4 N.-E. de nous 7 à 8 lieuës, les vents de l'E.-N.E-. au N.-E., nous fîmes route pour aller voir les isles de Lemes ou de celles des Ladrones.

Le samedi 21. — Depuis le matin jusqu'à midi, nous eûmes un très grand frais du N.-E., nous faisions routte du N.-N.-O. au N.-O. 1/4 N. A midi le vent ayant calmé, nous sondâmes mon camarade et moi et trouvâmes 70 brasses d'eau fond de vase. Nous continuâmes notre route de N.-N.-O. jusqu'à 5 heures du soir que nous découvrimes la terre dans le N.-O. ; l'ayant un peu approchée, nous distinguâmes 5 isles que nous reconnûmes pour les isles de Lemes.

Nous virâmes de bord après les avoir relevées au compas à distance de 7 à 8 lieues. Les apparences de mauvais temps nous firent prendre la bordée du large joint à la nuit prochaine. Après le coucher du soleil les vents soufflèrent avec assez de force de N.-E. 1/4 N. au N.-E. 1/4 E. pour nous obliger à n'avoir en service que les deux basses voilles et nous gouvernions à plus prest de l'E.-S.-E. au S.-E. 1/4 E. pour nous tenir toujours au vent des isles !

A 8 heures du soir, mon camarade alors mon travers à la vue, j'eus une grande voille déchirée depuis la grande écoute à sa vergue. Je fus forcé à tenir la cappe à la mizaine, après en avoir fait les signaux d'incommodités et de cappe à mon camarade, j'ay travaillé aussitôt à remettre en service une autre grande voille et aux environs de minuit elle étoit en service. Pendant cette opération je perdis de vue mon camarade. Le matin, à 6 heures, je crus devoir prendre la bordée du nord et à 8 heures je trouvai, comme je l'ai dit, border le grand hunier mon camarade qui prit le même bord que moi.

Le dimanche 22. — A 8 heures du matin, je retrouvai donc mon camarade et nous eûmes pendant cette journée toujours grand vent du N.-E. au N.-E. 1/4 E. Dans cette journée, j'eus encore mon grand hunier déchiré considérablement ; heureusement un de mes neufs étoit fait et je le changeai. A midy, le temps s'étant un peu éclairci, nous vismes au N. O. et N.-O. 1/4 N. les isles de Lemes ; toujours grand vent et à grains nous primes la bordée du large.

Le mercredi 25 septembre au soir (le 23 dudit que le jour avant nous avions très mauvais temps), le temps devint plus beau et le vent moins fort, étoient pour faire bonnes voilles. Le 24 au soir nous nous approchâmes des Isles et de la grande Ladrone, desquelles toute la nuit nous fûmes en vue, louvoyant à petite bordée, en sorte que *le lendemain 25*, de très grand matin, nous fîmes routte pour ranger la partie du suroit de la grande isle Ladronne, et ensuite ayant découvert l'isle Potrie ou du Milieux, les vents de la partie de l'Est nous engagèrent à passer entre cette dernière et les autres isles Ladronnes. A midy, nous étions à son travers et dans ce petit passage que l'on ne doit prendre que lorsque les vents soufflent de l'Est, nous n'y avons pas moins trouvé que 8 brasses 1/2 et 9 fond de vase, mais forte marée laquelle étoit pour nous. Et peu de temps après l'avoir dépassé, nous vîmes les isles de Macao et un vaisseau qui étoit mouillé son travers avec pavillon danois et nous jugeâmes que ce pouvoit être le danois qui étoit sorti avec nous le détroit de Malac.

A 2 heures après midi, aiant eu un joli frais, nous

étions le travers de la ville de Macao. Nous y mîmes en panne et tirâmes quelques coups de canons pour demander des pilottes pour monter la rivière ; n'en venant point, et la marée encore favorable, nous fîmes route et nous trouvant le travers des neuf Isles, la marée nous devenant contraire, mon camarade et moi nous moüillâmes à 7 brasses d'eau le fond de vaze.

A 6 heures du soir, un bateau des Comprador de Macao me vint à bord qui me dit que les pilottes ne pouvoient nous venir qu'ils n'eussent eu la permission du commandant chinois.

J'appris par ce bateau l'arrivée de nos deux vaisseaux le *Choiseul* et *la Paix*, ce dernier depuis 8 jours, et que quantité de vaisseaux de différentes nations avoient monté la rivière. Je fis sitot estre à l'ancre passer ces nouvelles à mon camarade.

Le jeudi 26. — A 7 heures du matin, ayant eu mon camarade et moi chacun un pilote, la marée bonne, nous avons levé l'ancre et fait route pour monter la rivière, guidés par nos pilotes.

Le samedi 28. — A 8 heures du soir, petit frais et favorable et bonne marée je passai la bouche du Tigre (passage fort étroit où les Chinois ont deux fortifications).

Et à 9 heures la marée étant devenu contraire, mon pilotte me fit mouiller.

Le dimanche 29. — A 6 heures du matin, la marée bonne pour nous mais sans vent, à l'aide de champans (petits bateaux du païs), nous levâmes notre ancre à midi. Joli frais se déclara favorable et à bonne voille, mon pilotte me conduisit à la vûe des vaisseaux, dans la rade de Wampoux, et je mouillai à 7 heures du soir, ainsi que mon camarade.

Le lundi 30. — De grand matin avec la marée et à l'aide de champans, je naviguai entre la terre et les vaisseaux de la rade et je fus me placer le plus proche qu'il étoit possible de l'endroit où nous faisons nos bancasseaux (ou dépôts des choses nuisibles dans les vaisseaux dans les ports).

A 10 heures, le même jour, j'envoiai mon canot à Canton qui conduisit le supercargue de mon vaisseau, à qui je remis les paquets que j'avois reçu à Lorient pour la direction de Canton et j'emploiai l'après midi à amarrer mon vaisseau. Mon camarade se plaça aussi le plus proche de nos établissements, mais avec peine, les places étoient fort petites pour les derniers arrivés. Le vaisseau danois arriva à Wampoux comme nous.

Octobre.

Du séjour a la Chine.

Les vaisseaux des différentes nations qui étoient lors de notre arrivée *29 septembre 1765.*

Sçavoir	L'arrivée des Premiers
21 vaisseaux anglois dont quatre de l'Inde. . .	Le 1er arrivé le 12 janvier 1765
3 suédois	Le 1 — le 15 juin
4 hollandois.	Le 1 -- le 3 juillet
2 danois	Le 1 — le 10 juillet
4 françois	Le 1 — le 26 juillet
Le dernier vaisseau arrivé étoit anglois.	le 12 octobre

34 VAISSEAUX

Le mardi 1er octobre. — J'ai commencé à dégréer mon vaisseau, et je pris le même jour, de concert avec mon camarade, les arrangements nécessaires pour établir nos bancassaux. M^r. de Pallière, comme l'ancien, étoit le commandant des vaisseaux françois.

Le vaisseau anglois commandant de cette nation étoit une frégate de guerre de 26 canons commandée par un officier de la marine d'Angleterre, et pour équipage environ 200 hommes compris les troupes. Cette frégate avait armé au Bengale avec un sloop pour porter à la Chine une certaine quantité d'argent pour remettre à la Chine aux supercargues pour le commerce de leur Compagnie, et ce sloop étoit pour servir de découverte à cette frégate.

Le Gouvernement chinois ayant prévenu les différentes nations que le *Hou pou* devoit aller faire le mesurage des premiers vaisseaux arrivés en cette rivière, la frégate anglaise étant du nombre des premiers arrivés, le capitaine représenta qu'étant frégate du Roi d'Angleterre, elle ne devoit point être sujette au mesurage ny aux droits des vaisseaux de commerce. Le Gouvernement chinois répondit qu'il suffisoit que la frégate eut apporté les fonds nécessaires au commerce pour qu'elle fut regardée telle que tous les autres vaisseaux de commerce, sujette à payer les droits impériaux.

Il n'étoit guère possible à ce capitaine d'agir autrement, la maison angloise étoit dans le plus fort de sa négociation avec les Chinois et cette maison étoit un sûr garant pour les droits de la frégate, en supposant que ce capitaine eût voulu faire voile pour descendre la rivière.

Le lundi 7 octobre. — M^r· de Pallière et moi ayant entierement dégrée nos vaisseaux et les avoir mis à lieu de les délester, nous nous rendîmes à Canton pour conférer avec M^r· les supercargues pour les chargements de nos vaisseaux. Le tout réglé en consequence le 10 du courant, nous revinmes à bord de nos vaisseaux pour les mettre en état de recevoir le commencement de leur chargement après leur avoir fait leur lest et gresnier comme cy après expliqué.

Le lest en fer partant de Lorient était de	46	tonneaux
Suivant mes ordres j'en devois prendre à l'Isle de France.	14	—
Au dit lieu j'en ai pris de plus. . .	7	—
Le vaisseau *le Choiseul* m'a remis suivant ses ordres.	60	—
120 tonneaux. Lest total désigné au vaisseau à Lorient		
Son lest effectif en fer à la Chine. .	127	tonneaux
En pierre cassée prise à l'Isle de France.	50	—
En petit gravier pour assujettir les porcelaines	8	—
65 tonneaux de plus. Total :	185	tonneaux

Ce lest, tant en fer qu'en pierres, répandu dans la longueur du vaisseau eu égard à peu dans les extrémités de l'avant et de l'arrière, les tasses de porcelaine en sus, ne donnent au milieu du vaisseau que de 20 à 21 pouces de hauteur du grenier de Vreyage ; au premier plan des caisses de thé et le vaisseau a de plus qu'il ne lui étoit destiné à Lorient en lest 65 tonneaux.

Partant de la rade de Wampoux, le vaisseau ayant en entier tout son chargement à l'exception de ses bateaux, il tiroit d'eau à l'avant *17 pieds 8 pouces*, à l'arrière *17 pieds 4 pouces*.

Le vaisseau navigue très bien et porte la voile de même lesté comme je le dis cy-dessus et chargé comme il est détaillé cy après.

Il est d'usage que la cloison de la cale à l'eau des vaisseaux destinés pour la Chine soit doublée en planches ce qui n'avoit point été fait à Lorient. J'ai fait cette petite dépense à la Chine.

Novembre.

Le mercredy 6 de novembre. — Je reçus les caisses de porcelaine et nacres destinées au premier plan à recevoir celui du thé.

L'article 19 de mes Ordres ou Instructions de campagne m'obligeoit à placer deux rondins sous chaque caisse de thé du premier plan entre elle et celle de porcelaine, pour y avoir un vide d'un pouce entre elles et la caisse de thé placée à avoir en-dessous son ouverture que dans le cas d'avoir été mouillé le thé seroit plus aisé à bénéficier.

Comme le bois à feu dans les vaisseaux est informe et la plupart tortueux et non droit, à pouvoir être dressé à un pouce carré, j'embarquai à l'Isle de France une petite quantité de planches d'un pouce d'épaisseur que j'ai fait scier dans le vaisseau, lesquelles tringles étoient droites, de manière à ne pouvoir déranger le premier plan qui doit être bien de niveau, car ce premier plan décide de tous les autres, et je crus devoir mettre un rang de tringle de plus dans le milieu, sans quoi, la caisse pourroit consentir par son milieu et je mis le dessus de la caisse dessous comme on me l'ordonne. Il m'est aussi ordonné de pomper souvent, c'est ce qui s'est pratiqué dans les vaisseaux que j'ay commandé, lorsqu'il y avoit assez d'eau dans le fond du vaisseau à pouvoir faire agir la pompe.

Après *le 10 octobre* jusqu'à la *fin de novembre* que mon vaisseau avoit deux plans de thé faits en cale, le vaisseau de mon camarade de même, nous fûmes ensemble à Canton pour y passer quelques jours.

Le dimanche 1ᵉʳ décembre. — Le Hou pou fit le mesurage de nos deux vaisseaux et fut reçu suivant les us et coutumes ordinaires.

Mon vaisseau a mesuré en longueur du milieu du mât de mizaine au milieu de celui d'artimon 93 coves, 6 condorins et en largeur le travers du grand mât 27 coves 6 pontes.

Du chargement du vaisseau et où chaque chose sont placées.

En calle à la longueur du vaisseau.
Des soutes à pain à la cale à l'eau.

160 caisses de porcelaine et nacres, au premier plan.
1 caisse d° pour montre dans un des derniers plans.
1.600 grandes caisses de thé Bouy.
168 demi caisses même thé.
116 quarts de caisse même thé.
1.840 caisses ordinaires de thé fin.
52 caisses de soïes écrües.
19 caisses de vernis.

3 caisses de thé en boettes.

2 caisses de rubarbe.

1 caisse de Nankin.

1 caisse de borax.

2 caisses d'étoffes de soïe.

Nota : Ce qui est bois de sapan, rottins en paquets, esquine est à servir de garniture le long du bord du vaisseau.

Entre pont depuis la Sainte-Barbe au grand mât.

129 grandes caisses de thé Bouy.

360 caisses de thé fin.

2 caisses de papier peint.

2 grandes caisses de vernis.

Sous ces caisses est un grenier en bois de rottins. Et entre les caisses et le bord est une coursive de trois pieds.

En soute à biscuit.

83 caisses ordinaires thé fin.

Dans la Sainte-Barbe.

20 caisses ordinaires thé fin.

Dans ma navigation des Isles de France, j'ai eu une soute de vide. Ces vingt caisses y ont été mises.

Départ des premiers vaisseaux des différentes nations pour Europe.

Le 10 novembre, le premier suédois.

Le 18 dudit, le premier hollandois.

Le 27 dudit, le premier danois.

Le 10 décembre, le premier anglois.

Le 14 janvier, les premiers françois, *la Paix* et *le Choiseul*.

Les vaisseaux le *Villevault* et *le Beaumont*, ainsi que le *Choiseul*, ont pris en entier leur chargement à la rade de Wampoux, parce qu'ils ne tirent d'eau que de 17 pieds 1/2 à 18. Et l'on peut y charger jusqu'à 20 pieds mais non au-dessus, les pilottes refuseroient de les passer les barres.

Janvier 1766.

Le dimanche 19 janvier. — Ayant embarqué tous effets de cargaison et vivres et tous effets de marin de mon bancasal, à 8 heures du matin je descendis mon vaisseau et à l'aide des tuées, je fus me placer sur l'avant de tous les vaisseaux à la teste de la rade, afin de mettre à la voile au premier temps.

Le vaisseau *le Beaumont* le lendemain vint aussi s'y placer.

Le mercredi 22, à 7 heures du soir, Messieurs les supercargues destinés à faire leur retour en France arrivèrent à bord de nos vaisseaux, les s⁷ˢ LAGANERIE et MONTIGNY, sur le vaisseau *le Beaumont*, le. sʳ COSTAR sur mon vaisseau.

Le jeudi 23 janvier, à 1 heure après minuit, la marée bonne pour nous et sans vent, mon camarade et moi nous avons levé l'ancre, et à l'aide de champans et de nos pilotes nous avons quitté la rade de Wampoux.

Nous y avons laissé 7 vaisseaux anglois qui, de là, doivent aller en droiture à l'isle Sainte-Hélène.

Cy après est un tableau qui démontre l'expédition de nos 4 vaisseaux.

CHINE 1766. — CHARGEMENT DES QUATRE VAISSEAUX

Sçavoir :	LE VILLEVAULT	LE BEAUMONT	LA PAIX	LE CHOISEUL	Totaux
Grandes caisses thé Bouy	1.729 caisses	1.728 caisses	1.400 caisses	1.459 caisses	6.316 caisses
Demi-caisses thé Bouy	168	120	124	132	544
Quarts et caisses thé fin	116	156	160	144	576
	2.013	2.004	1.684	1.735	7.436
Caisses ordinaires thé Bouy	2.195 caisses	2.311 caisses	821 caisses	851 caisses	
Caisses d° supérieur	137	25	745	1.142	
Caisses d° Impérial	8	8	8	8	
	3.340	2.344	1.574	2.001	8.259
Caisses soie écrue de Nankin	52 caisses	40 caisses	52 caisses	52 caisses	196 caisses
Caisses soie étoffes	2	13	0	0	15
Caisses nanquin	1	1	1	1	4
Caisses papiers peints	2	3	1	2	7
Caisses rubarbe	2	2	2	0	6
Caisses borax	1	1	1	1	4
Caisses vernis	19	14	14	14	61
Caisses porcelaine divers	156	151	107	143	557
Caisses nacres	5	10	0	11	26
Billes bois de sapan	5.838	4.100	4.356	5.415	19.709
Paquets de rottin	1.200	1.050	1.400	1.500	5.150
Paniers d'esquine	142	175	70	82	469
Les chargements ont monté à	150.507 taëls	152.772 taëls	123.175 taëls	131.902 taëls	558.356 taëls
Pour droits impériaux des vaisseaux	1.912 taëls	1.907 taëls	1.591 taëls	1.757 taëls	
Présent ordinaire au Houpou	2.050	2.050	2.050	2.050	15.367 taëls
Dépense des vaisseaux à la Chine	3.169	3.355	2.844	3.628	
Pilotages des vaisseaux et bateaux	18	19	96	24	13.153

Les fonds restant à la Chine après l'expédition faite, cy *120.000* piastres ou *86.160* taëls. *646.200 l.*

Vaisseaux qui étaient à la Chine la présente année : *4* français, *21* anglais, *4* hollandois, *3* suédois, *2* danois ; total : *34* v.

De Chine a l'Ile de France.

Le samedi 25. — A midi le vaisseau *le Beaumont* et moi nous estions par le travers de la ville de Macao à 4 lieües et à 8 heures du matin nous avions congédié nos pilotes et embarqué nos bateaux. Nous fîmes ensemble routte pour entrer en mer en sorte qu'à 5 heures 1/2 du soir nous estions en dehors de toutes les Isles, celles la plus sud des Ladrones nous restoient à l'Est 4 lieües. Mon camarade et moi nous prîmes route au S. 1/4 S.-E. et S.-S.-E. pour aller chercher la sonde du banc des Anglois.

Le mardi 28. — A 9 heures du soir nous estimant sur le banc des Anglois, nous sondâmes à 60 brasses. Ensuite nous prîmes route au S.-O. 1/4 S. pour passer les dangers sous l'eau du banc de Midelbourg et de celuy des Reïcifs, etc.

Février.

Le mercredi 12 février et 13. — Nous avons entré et sorti le détroit de Banca, et au passage de Lucipara nous n'avons pas trouvé moins de 5 à 6 brasses 1/2 d'eau.

Le dimanche 16. — Le précédent jour 15, nous entrâmes le détroit de la Sonde à 7 heures du matin par le passage de l'Ouest appelé Passe des Cochons. Bon frais de N.-N.-O. au N. et nous fûmes ranger la grande isle des Cratas. Pendant la nuit suivante, nous n'eûmes qu'un orage qui vint du Ouest. Le lendemain 16 les vents prirent faveur du N.-N.-O. Nous sortimes et mîmes en mer par la passe du Ouest de l'Isle du Prince, laquelle Isle à 6 heures du soir nous restoit au compas à l'E. 1/4 N.-E. d'environ 12 lieues.

L'article 20 de mes instructions de campagne m'authorise à traiter des vivres frais et raffraichissement à mon équipage dans le cas d'en avoir besoin. En entrant 'e détroit de la Sonde, un bateau malais m'est venu à bord, et j'ai traité avec luy douze tortues de mer mais pour mon compte, c'est à dire pour ma table. J'en ai fourni deux repas à mon équipage à titre de gratification.

Le mercredi 26. — Nous estimant mon camarade et moy à l'est de l'Isle Rodrigue d'environ 480 lieues au méridien de 87 degrés à l'est de celui de Paris et par 18 degrés 25 minutes de latitude Sud, nous vismes le matin sur l'avant à nous un vaisseau qui nous fit des signaux de reconnaissance, à quoi je lui répondis, car mon camarade qui devoit les faire n'avoit pas les pavillons lesquels j'avais fait faire à Cadix que l'on ne m'avoit pas donnés à Lorient. Ce vaisseau s'est trouvé être *le Penthièvre*, capitaine Mᵣ Joanis, qui nous dit aller à la Chine après avoir passé à Mahé et à Pondichéry pour aller par le détroit de Malac, qu'il partit de l'Orient le 22 septembre 1765, qu'il avoit fait escale au cap de Bonne Espérance de 18 jours, en étant parti le 8 janvier.

Nous avons pris quelques lettres de ce capitaine pour l'Europe.

Mars.

Le jeudi 13 mars. — A 8 heures du matin le temps très couvert nous crûmes voir l'Isle Rodrigue, restant au N.-O. mais comme c'étoit sans certitude; mon camarade et moi, convinmes d'en agir pour notre attesrage à l'Isle de France comme si nous n'avions rien vu.

Le samedi 15. — A 5 heures du soir mon camarade et moi faisant routte sur le O.-N.-O. nous cûmes connaissance de l'Isle Ronde à l'O. et O. 1/4 N.-O. de 6 à 7 lieues et ensuite de l'Isle de France. Comme il étoit tard et le temps obscur, nous convinmes de louvoyer toute la nuit, et que le matin, suivant le temps nous agirions pour donner dans les Isles. La nuit fut très venteuse et à grains du nord au N.-E. A cet attesrage, il est vraisemblable que nous avions pu voir l'île Rodrigue, et depuis avoir quitté la sortie du détroit de la Sonde, j'ay trouvé à mon atterrage à l'isle de France 58 lieues de difference a l'Est. Cette différence est ordinaire et communement de *35 à 45* lieues.

Le dimanche 16. — Sitôt que le jour commença à paroître mon camarade et moi nous fîmes route pour donner dans le passage des Isles où nous y avons trouvé la mer tres houleuse du N. au N.-O., ayant doublé l'isle du coin de mire jusqu'au port nous avons trouvé la mer très houleuse quoique les vents de l'Est au N.-E. Prolongeant la côte, ayant approché la batterie de la pointe aux Canoniers, et marchant devant, je fis les signaux de reconnaissance avec l'Isle, et je continual la route jusqu'aux environs de l'entrée que je

reçus le pilotte qui me mouilla à l'entrée du port
même un peu avancé, les vents l'ayant permis et j'ar-
rivai ainsi aux environs de midy.

Séjour a l'Ile de France.

Un orage : Naufrage du Comte d'Artois.

Sitôt que je fus mouillé je reçus la chaloupe du
vaisseau de guerre espagnol *Le Bon Conseil* que Monsieur de Casens m'envoya. C'était le vaisseau que
j'avois vu à Cadix destiné pour les isles Manilles, avec
lequel commandant j'avois fait connaissance à Cadix.
Cette chaloupe m'allongea aussitot une touée sur un
des corps morts, mais le vent soufflant grand frais de
l'Est à l'E.-S.-E. et aux approches de la nuit, mon pilotte
du port ainsi que moi nous ne jugeâmes pas à propos
de lever la grosse ancre avec laquelle j'avois laissé
tomber, et je fis dégréer tout ce qui pouvoit me nuire
pour touer, tenant du vent, et nous passâmes ainsi la
nuit sur cette ancre et la touée que l'Espagnol m'avoit
allongée ; mon camarade mouillé un peu au large de
moi fit la même besogne, aidé par la chaloupe du vaisseau *Le Praslin* et d'une petite chaloupe du port.

Arrivé à l'entrée de ce port j'appris que nos deux
vaisseaux de la Chine avoient passé et qu'ils étoient
partis, que le vaisseau *le Duc de Praslin* étoit en ce
port depuis deux jours venant de Bengale chargé pour
son retour en Europe, et que le vaisseau espagnol y
étoit de relache se trouvant trop tard pour continuer
son voyage aux Manilles pour avoir relaché au Brésil

pour une voie d'eau qu'il avoit eue depuis son départ de
Cadix. Je sçus encore qu'un vaisseau anglois venant
d'Europe y étoit de relache en route pour Madras et
Bengale.

Le lundi 17. — La nuit a été extrêmement venteuse
de l'est et à grains avec force pluies, la mer très houleuse du large ; elle brisait avec force sur les récifs
celui de la Baterie Roiale et l'autre de l'Isle aux Tonneliers entre lesquels j'avois moüillé qui forment l'entrée
du port ; les brisants sur ces récifs étoient si considérables que par leurs blancs l'on voiait clair sur le pont.

A 5 heures du matin les vents toujours très forts et
de la même partie et à grains, nous levâmes notre
grosse ancre avec un peu de peine et nous virâmes sur
la touée. Je reçus un petit secours du port de 15 noirs
que j'employai au cabestan. Et j'avois toujours la
chaloupe espagnole à m'allonger la touée lorsque la
mienne les relevoit de dessus les corps morts. Et aux
environs de 10 heures du matin, je me vois un peu
plus tranquille de voir les brisants dépassés. Mon
camarade agissoit aussi avec le même secours de
15 noirs qu'il avoit reçu du port, mais j'étois bien
plus fort que lui par le renfort des Espagnols qui
étoient de vaillants hommes et à 7 heures du soir
j'avois gagné le poste qui m'étoit destiné et y moüillai
deux grosses ancres sur lesquelles je passai la nuit plus
tranquille que la précédente, ainsi que tout mon
monde. Mon camarade ne fit pas une si belle journée,
mais il se trouva toujours en poste à pouvoir y passer
la nuit sans risque, les vents toujours soufflant grand
frais de l'Est à l'E.-S.-E.

Le mardi 18. — Toute la nuit grand frais de la même partie et tout le jour jusqu'à 2 heures après midi qu'il calma beaucoup et les grains faibles. Le ciel se découvrit et l'après midi fut assez belle. Les montagnes se découvrirent de même et je profitai de ce temps pour alonger une amarre de croupière que je n'avois pas encore et qui m'étoit nécessaire pour que mon vaisseau fut amarré.

Aux environs de midi les montagnes des découvertes firent les signeaux de vue de vaisseau. Ce jour je fus à terre et je sçus que l'on avoit des nouvelles d'Europe par le vaisseau *Le Comte D'Argenson* qui avoit relâché à Foulpointe, Isle de Madagascar, qu'une petite goelette de cette isle s'y estant trouvée en avoit pris les passagers et les paquets pour les Isles et que ce vaisseau de là poussoit sa route pour Pondichéry. Ces nouvelles étoient d'ancienne date en comparaison de celles que nous avions en mer par *le Penthièvre*.

Le mesme jour à 2 heures après midi le vaisseau signalé des montagnes parut en vue du port qui faisoit routte sous pavillon anglois à poupe ; et avec humeur, tout le monde le jugea de cette nation ; le pilote du port l'ayant abordé un peu avant d'être au mouillage l'obligea de changer ce pavillon et il parut aussitôt l'enseigne blanche à poupe ; comme les vents étoient bons pour entrer un peu dans l'entrée du port le pilotte en profita et mouilla ce vaisseau, comme mon camarade et moi avions fait avec les mêmes vents entre les récifs de la Baterie Roiale et l'Isle aux Tonnelliers, comme alors les vents n'étoient que médiocres, son canot vint à terre, et l'on connut ce vaisseau pour *le Comte d'Artois* venant d'Europe sous le commandement de Mr Marion, chargé pour les deux Isles.

Le pavillon anglois qu'il portoit à poupe étoit le signal de reconnaissance avec l'Isle de France pour l'année 1766. Ce vaisseau étoit le premier de l'année qui sans doute portoit ces signaux, et le Gouverneur ne les ayant pas ne pouvoit y rien connoitre quoiqu'un vaisseau porte ou qu'il ait les signaux premiers de l'année il ne doit pas s'en servir, mais de ceux de l'année dernière ; Monsieur Joanis ne m'a pas fait les signaux de l'année 1766 quand nous nous sommes rencontrés mais bien ceux de 1765 auxquels je pouvois répondre.

Le vaisseau *le Comte D'Artois* moüilla donc à l'entrée du port à 3 heures après midi ; il reçut aussitôt à son bord la chaloupe, et une touée du vaisseau espagnol ; cette touée fut alongée aussitôt par cette chaloupe sur un des corps morts ; les vents médiocres toujours de l'Est, mais la mer toujours très grosse sur les récifs et fort houleuse du large. Dans cette après midi plusieurs bateaux naviguèrent à bord de ce vaisseau. Le soir que ce vaisseau étoit moüillé sur une de ses grosses ancres et la touée de l'Espagnol. Il passa la nuit ainsi.

Le mercredi 19. — Pendant la nuit du 18 au 19 les vents soufflerent de l'Est, et à grains en force médiocre, mais au matin 19 au lever du soleil les vents prirent un peu du nord et soufflant peu à peu en augmentant et par grains forts ils passèrent jusqu'à l'E.-N.-E. Nos chaloupes, c'est à dire celle du *Beaumont*, du *Villevault*, du *Praslin* étoient disposées le matin avec leurs touées pour aller à touer le *C. D'Artois*, mais il n'y eut à gagner que celle du vaisseau espagnol et celle du *Praslin*, celle de l'Espagnol, excellent bateau pour la

force et la rame allongea une seconde touée en aus-
sières et grelins et en ayant réuni le bout au vaisseau
s'en retourna à son bord, étant alors inutile le long du
vaisseau à tirer de plus sur les amarres du vaisseau et
se briser le long du vaisseau, ce qui arriva à celle du
Praslin qui fut perdue avec deux de ses matelots.

A 10 heures les vents ayant donc passé à l'E.-N.-E. il
vente beaucoup et par grains très forts et pluvieux. Le
vaisseau *le Comte d'Artois* marque de l'inquiétude en
tirant du canon de temps à autre avec son pavillon en
berne.

Quel secours pouvoit-on lui donner alors ? Le port
étoit sans ressource en tout. Point de chaloupes de
nage. Trois étoient encore sur le quai échouées qui y
étoient dès le temps de mon passage allant à la Chine,
auxquelles on n'avoit pas fait aucune réparation qui en
étoient encore dans l'extrême besoin. Au surplus, ces
chaloupes n'auroient pu gagner le vent et la mer étoit
trop forte et les chaloupes et les hommes ne pouvoient
donner de secours qu'autant qu'il y auroient porté des
cables et de grosses ancres. Il fallait les allonger sur
l'avant. Le vaisseau n'avoit qu'une chasse de 3o à 4o
pieds pour avoir son arrière sur les brisants.

Environ 5 heures de l'après midi le vent diminua.
Le commandant espagnol qui avoit envoyé sa chaloupe
dans le port pour qu'on s'en pût servir, on y embar-
qua une ancre d'environ 3 mille avec un cable de
12 pouces et cette chaloupe partit et j'ordonnai la
mienne, mais elle n'avoit que deux grelins. La chaloupe espagnole gagna l'avant des récifs de l'Isle aux
Tonneliers. Elle y mouilla son ancre et remit le bout
du cable au *Comte d'Artois*.

Ma chaloupe gagne un des corps morts du récif au vent du vaisseau, mais ils ne purent soulager la bouée du corps mort et par conséquent ne purent y placer leurs amarres ; ç'auroit été pour ce vaisseau de bien faibles amarres, le cable de 12 pouces qu'on avoit pris dans le port y avait été remis par le vaisseau *le Choiseul* à son passage de la Chine qui étoit son cable de détroit. Il y avoit aussi laissé son canot qui étoit le seul bateau de cette espèce à pouvoir d'un temps mauvais envoyer en commission.

Au coucher du soleil les vents augmentèrent de beaucoup de ce qu'ils étoient dans l'après midi et le temps devint noir et très obscur, quoique 10 jours de lune. A 8 heures du soir le vent très fort, et à grains pluvieux. Le vaisseau *le Comte D'Artois* fit voir plusieurs feux. Le Gouverneur, sur les apparences d'un ouragan, avoit pris quelque précaution. Il avoit fait porter du bois aux environs de la Baterie royale pour des feux en cas de besoin. Il en fit allumer un à la baterie au bord de la mer, le plus proche du vaisseau qu'il étoit possible. Tout fut en mouvement dans les vaisseaux du port pour prendre toutes les précautions possibles pour soutenir un ouragan s'il se déclaroit dans la nuit.

Le jeudi 20. — Depuis le soir 8 heures que le vaisseau *le Comte d'Artois* fit voir quantité de feux, il venta considérablement de l'E. à l'E.-N.-E. et à grains fréquents et pluvieux. A minuit les vents passèrent au au N.-E. et N.-N.-E., alors très grands vents. Comme j'étois voisin du vaisseau *le Beaumont* et au vent à lui, je ne filai pas entièrement du cable que j'avois en

croupière, de crainte de tomber sur lui. A 2 heures
après minuit, ce fut la plus grande force du vent du
N.-E. au Nord. Mon voisin chassa et me donna jour
entre lui et moi de pouvoir filer du cable de l'arrière
afin de venir le bout au vent. Quoique toutes vergues,
mâts de hune le plus bas possible, je chassai un peu le
matin. Le jour commençant à paroître, il calma un
un peu les vents toujours allant du N.-N.-E. au Nord.
Lorsque le jour permit de voir, nous vîmes *le Comte
d'Artois* échoué en travers sur le récif de la Baterie
roiale, lui restant seulement en mâture le mât de mizaine et sa vergue sur son gaillard d'avant, son beaupré
en place.

Nous vîmes aussi ie vaisseau espagnol en travers au
vent qui me parut échoué, s'étant beaucoup éloigné
de l'isle aux Tonneliers où étoient établis ses cables. Et
ce vaisseau étoit bien effectivement échoué, mais sur du
corail et vaze.

Le vaisseau *le Duc de Praslin* me parut avoir changé
et qui étoit en dehors du vaisseau espagnol. Je le
jugeai échoué ou plutôt touché à son arrière, car il
n'avoit plus son gouvernail en place. Je parlai à mon
camarade qui voyoit tout aussi bien que moi ; avec
peine il me dit que son vaisseau étoit touché à son
arrière, mais sur de la vaze et que son gouvernail étoit
soulagé de ses ferrures. Comme nous estions fort
proches l'un de l'autre et nous convinmes de nous
dégréer, moi du mât d'artimont et lui du mât de beaupré. Un changement de vent nous eût fait nous aborder
et nous nous fussions causé de grandes avaries.

Aux environs de 10 heures du matin, le temps plus
clair, le vent toujours très fort et de la même partie,

nous vîmes que l'on travailloit à bord du *Comte d'Ar-
lois* à faire un rat des débris de sa mature pour mettre
du monde à terre de nos vaisseaux. Nous vîmes le Gouverneur se rendre par terre à la Baterie Roiale, éloignée
du vaisseau de deux encablures. Le Gouverneur fit
transporter des pirogues de Bourbon et une moyenne
chaloupe qui fut charroyée avec une trinballe et qu'il
fit conduire au bord de la mer au lieu le plus com-
mode et le plus proche du vaisseau pour les mettre à
l'eau, ce qu'il fit faire l'après midi que le vent et la mer
le permirent ayant sur les trois heures après midi beaucoup calmé. Et ces bateaux mirent beaucoup de monde
à terre, et de préférence les passagers.

Le soir, au coucher du soleil, le vent calma considérablement et le temps devint beau. Mon camarade et
moi nous prîmes nos précautions pour nous remettre
dans nos places et pour ramarrer nos vaisseaux. Il me
presta la chaloupe pour opérer le premier, ma chaloupe a été perdue, dans le fort du mauvais temps, elle
coula avec deux grelins qu'elle avoit débarqué et l'on
n'en a rien vu que des débris à la côte. J'en ai fait faire
écriture en son temps.

Le vendredi 21, de très grand matin, je travaillai à
ramarrer mon vaisseau, et j'aidai ensuite à mon camarade. Il avait échoué à son arrière mais sans s'estre fait
aucun dommage, dans ce mauvais temps. Tous les
vaisseaux ont touché à l'exception du vaisseau anglois
et le mien, le ponton à carenner cassa une partie de ses
amarres.

Dans cette journée, le vaisseau espagnol travailla
pour se remettre à flot, mais il n'était pas possible. Ce

vaisseau se trouva franchy après le mauvais temps de trois pieds, et ils travaillèrent à le délester et à débarquer son artillerie.

Les vents dans cette journée soufflèrent petit frais du S. au S.-O., mais la mer toujours grosse et fort agitée du large et très élevée sur les récifs.

Le vaisseau *le Duc de Praslin* mit aussitôt à flot et les plongeurs firent rapport qu'il y avait un peu de la fausse quille ou talon du vaisseau d'emporté.

Le samedi 22 la brise fut faible et des vents ordinaires du S.-E., la mer bien moins houleuse, le temps très-beau. L'on envoya le matin au vaisseau le *Comte d'Artois* quelques petits batiments tant à la Compagnie qu'au particulier qu'il y avoit en ce port en état de charger et d'approcher de ce vaisseau pour en tirer des effets.

Ce même jour, à sept heures du matin, à la réquisition du gouverneur et de M^{rs} les Préposés de la Compagnie, Mrs de Pallière, Surville et moi avec le capitaine de ce port et un des Mrs Preposés, nous fûmes pour connaître de l'état de ce vaisseau afin de voir les moiens les plus prompts pour le déchargement de ses effets.

Nous vîmes par ses trois écoutilles, la calle entièrement pleine d'eau, dans toute la longueur du vaisseau et, comme ce vaisseau était tombé de l'arrière, il s'en trouvait dans la Sainte-Barbe et comme il donnoit la bande du côté de son échouage, il y en avoit entre pont le long de la goutière de son premier pont, et le côté du vaisseau considérablement difforme et comme un vaisseau ouvert et crevé dans sa partie basse le travers de son maître gabaris.

On se décida d'ouvrir de son ti'.lac d'entre pont, d'une écoutille à l'autre, pour accélerer le déchargement et en même temps pour procurer à la vue des premiers effets qui bàrottent les calles. Il nous parut essentiel de trouver les moyens les plus prompts pour le sauvetage de sa cargaison. Le vaisseau pouvait s'ouvrir s'il fût arrivé du mauvais temps du large ou grosse mer.

Le dimanche 23. — Les mauvais temps que nous avions essuiés depuis notre ancrage en ce port, joint au naufrage du vaisseau *le Comte d'Artois*, n'avaient que fort retardé nos ouvrages particuliers à chacun. Et le port ne pouvant nous aider, le peu de ses forces employées au déchargement du vaisseau naufragé nous a forcés à faire par nous mêmes nos travaux. Et dès ce jour même, je travaillai à embarquer le bois à feu qui m'étoit nécessaire, et avec une mauvaise chaloupe que l'on m'avoit prestée, je commençai à faire de l'eau en attendant le rétablissement du ponton à l'eau qui avait été à la côte dans le mauvais temps, étant à bord d'un des vaisseaux du port.

Mon camarade et moi nous prîmes connaissance des provisions en volailles et autres qu'on pouvoit avoir pour nos approvisionnements de table. Après en être instruit, nous convinmes qu'il convenait que nous n'eussions point passé à l'isle de Bourbon que nous retarderions passablement notre passage du cap de Bonne Espérance, et, vu la saison déjà très avancée, nous convinmes d'en faire les représentations aux Mrs. Preposés de la Compagnie, leur exposant le retardement que cela nous causerait, qu'il n'étoit question

que de deux à trois cents volailles pour les raffraichis-
sements des malades pour chaque vaisseau à estre
fournies et par la Compagnie, que quant à nous pour
nos tables nous en étions assurés en payant les prix
communs comme les particuliers.

Notre représentation a été reçue et tout s'est fait pour
nous expédier promptement. En conséquence nous
traitâmes aussitôt nos besoins. Il n'y a eu de difficultés
que pour les 200 volailles par vaisseau pour les malades
que les habitants n'ont jamais voulu fournir au prix
de Compagnie ; M^{rs} les Préposés nous ont engagés à les
traiter nous-mêmes comme nous traitions les nôtres.
Et ces messieurs nous ont fait rembourser de nos
avances chacun aux prix que nous avions payé les
nôtres.

Faisant escale à l'isle de Bourbon, nous nous fussions approvisionné à quelque chose de meilleur marché,
mais dans une saison aussi critique, des rades où l'on
ne descend pas tous les jours à terre rapport à la grosse
mer nous auraient certainement occasionné un retardement considérable. La saison avancée pour le passage du
cap de Bonne Espérance nous auroit pu conduire à y recevoir du mauvais temps, occasionné des avaries et dommage à nos cargaisons aussi précieuses qu'elles le sont.

Nous comptons que la Compagnie voudra bien avoir
égard à de pareilles circonstances qui sont très contraires à nos intérêts que nous abandonnons pour le
bien de son service.

Quoique nous fussions des plus occupés aux travaux
de nos vaisseaux nous aurions toujours pris connaissance du vaisseau *le Comte d'Artois* ; nous y fîmes une
seconde visite requise sur ce qu'il se présentait une

tres grande difficulté, qui était que l'eau de la calle de ce vaisseau étoit extrêmement puante et mauvaise et que les hommes se refusoient d'y entrer, et que plusieurs étoient tombés malades. Cela ne pouvoit estre autrement : dans la calle de ce vaisseau étaient viande salée, biscuit, poudre de guerre, cuivre, charbon de terre ; ainsi avec ces sortes de choses l'eau devoit estre comme empoisonnée. Etant à bord avec deux de Messieurs les Préposés, nous trouvâmes la calle toujours entièrement remplie d'eau. Les effets qui ne flottoient pas, il falloit aux hommes plonger et les déranger avec des crocs que l'on avoit fait forger, et après les approcher soit aux écoutilles ou aux ouvertures que l'on avoit fait au tillac quoique l'on eût observé que l'eau montoit et fuissoit dans la calle et ce suivant le cours du peu de marée qu'il y a en ce port, et que l'eau fut toujours dans la calle de niveau avec celle du dehors, l'on convint de placer le plus de pompes que l'on pourroit et l'on trouva pouvoir d'en placer huit à dix sans qu'elles pussent se gêner et l'on supposoit que, quand on ne feroit pas beaucoup diminuer l'eau, on la feroit toujours changer de nature. Ecriture fut faite et l'on travailla en conséquence.

La grande difficulté étoit les hommes à trouver pour faire agir ces pompes, et qui n'étoient utiles pour ainsi dire qu'autant que l'on eût agi sans interruption. La troupe fut ordonnée à y aller, mais ils ne purent soutenir ce travail longtemps. Les habitans de la place furent commandés de même, mais gens qui travaillent malgré eux ne font pour ainsi dire rien. L'on fit un appel de noirs, par habitant, d'une certaine quantité ; plusieurs habitans en ont donné et d'autres s'y sont refusé. Et plus on retardait l'ouvrage plus l'eau devenoit infectée. La majeure partie de l'équipage de ce vaisseau étoit à l'hopital, dont plusieurs bien malades ; deux noirs plongeurs en sont morts. Ces pompes ayant agi sans interruption environ quarante heures, l'eau avoit diminué beaucoup et l'on découvroit en plusieurs endroits des effets de la calle. Mais tout ce qui en a été tiré à ma connaissance se trouvait dans un très mauvais état. Cela ne peut être autrement. Il suffit que le vaisseau ait été rempli d'eau entièrement pendant au moins vingt heures sans pouvoir en rien tirer.

M^rs les Préposés se servoient de tous les moyens possibles pour bonifier les choses.

Le mercredi 25 mars. — Le vaisseau espagnol ayant mis hors du vaisseau son artillerie, ses vivres et même son lest, et ayant sur deux forts cables fait force majeure a mis à flot, mais s'étant aperçu que ce vaisseau faisoit de l'eau, on le disposoit à carenner. Le dessein de ce commandant étoit de partir ensuite pour se rendre aux Manilles.

Avril.

Le mardi 1er avril, à 7 heures du matin, le vaisseau *le Duc de Praslin*, capitaine M. DE SURVILLE, a mis à la voile de ce port pour aller en Europe.

Pendant son séjour en ce port, ce capitaine a mis la majeure partie de ses canons dans la calle de son vaisseau afin de lui faire porter mieux la voile qu'on dit ne la point porter.

Ce vaisseau m'a paru peu callé, c'est à dire peu

chargé et qu'il n'avoit pour lest que la valeur de 8o tonneaux. Cela n'est pas suffisant pour un vaisseau de cette capacité.

De l'Ile de France a Lorient.

Le jeudi 3 avril, Mrs de Pallière et moi ayant reçu du Gouverneur et de Messieurs les Préposés leurs paquets à 8 heures du matin, mon camarade et moi nous avons mis à la voille, les vents favorables, et nous fîmes route pour passer à l'est de l'isle de Bourbon. J'ai pris les passagers que l'on a jugé à propos, lesquels sont :

Passagers à la table :
- Le Comte, l'un des Préposés.
- Besnard, Particulier.
- Ravierre, officier réformé.
- Goupillau, chirurgien.
- Bourguenoux fils,
- Merle fils,
- La Roche fils, } créolles.

Le sieur Costar, supercargue, embarqué à la Chine, ayant eu ordre d'y retourner a débarqué à l'Isle de France.

La veille de mon départ de l'Isle de France, le capitaine du port me fit voir deux pièces de bois de vaisseau ensemble pouvant porter environ vingt pieds de longueur, et il nous fut aisé de voir que c'étoit deux morceaux de quille de vaisseau, et sur les dimensions qu'elles avoient je jugeai que c'étoit du vaisseau *le Comte d'Artois*, elles étoient encore assez fraîches de coroie qu'elles avoient eu à la carenne du vaisseau. Ces deux pièces avoient été trouvées à la coste.

Le vendredi 4. — Le lendemain de mon départ, au soir, deux hommes vinrent me trouver et me déclarèrent qu'ils s'étoient cachés dans le vaisseau pour passer en France. Je leur demandai quel étoit leur état, ils me répondirent qu'ils étoient soldats de la garnison de l'Isle que n'ayant pu obtenir leurs congés et y étant misérables ils avoient pris le parti de se cacher dans les vaisseaux destinés pour France. J'en fis faire écriture par mon écrivain. Du reste je me conformerai aux ordres de les remettre au commandant au port de Lorient.

Il m'a aussi resté à l'Isle de France à mon départ quatre matelots anglois de six que j'avois reçu à la Chine pour remplacer des gens de mon équipage qui m'ont déserté chez les Anglois, lesquels j'ai apostillés sur mon rolle suivant l'ordonnance, et dont leurs noms et qualités je remettrai au port de Lorient au commandant pour qu'ils soient punis, si on le juge à propos lorsqu'ils se présenteront au département. J'en ai en temps et lieu fait écriture pour constater leur désertion et le remplacement par les Anglois qui sont venus me trouver à la Chine, lesquels quatre restés à l'Isle de France à mon depart n'ont rien touché d'avance à leurs gages, seulement quelques hardes du vaisseau que l'on y embarque pour servir aux matelots dans le besoin.

Le lundi 7. — A 6 heures du matin nous estimant par 28 degrés 40 m. de latitude le bout du sud de l'Isle de Madagascar au N.-O. de 70 lieües, nous vîmes un vaisseau à l'arrière de nous qui faisoit même route que nous. Je l'ai jugé estre *le duc de Pralin.*

Le vendredi 11. — Que nous avions le matin les vents du nord. Le soir les vents de cette partie sautèrent tout à coup au O.-S.-O., grand frais qui nous obligea à quelques heures de cappe à la mizaine, et le lende·main le temps devint moins mauvais. Alors la partie du sud de l'Isle de Madagascar nous restoit au nord et nous commencions à ouvrir le canal de Mozambique. Dans ce mauvais temps j'eus une granae voille dechirée et je la changeai aussitot.

Le mardi 22. — Ayant très mauvais temps depuis plusieurs jours, grand vent de la partie de l'O., souvent obligés à la cappe et basses voiles. Dans la nuit précédente je perdis de vue mon camarade et nous nous trouvâmes séparés le matin.

Le mercredi 30. — La veille j'avois pris la bordée du nord et beau temps, mais les vents toujours contraires. A midy j'avois observé 35 degrés 11 m. de latitude et par mon estime je comptais n'être qu'a 20 a 25 lieues de la coste. Le soir au coucher du soleil j'en eus connaissance au N.-N.-E. et je reconnus les hautes montagnes du Cap de ce nom, la fraicheur me vint cette partie. Et je pris route à O.-N.-O. pour passer le Cap des Aiguilles, mais dans la nuit les vents passèrent à l'Ouest et par conséquent des plus contraires.

Mai.

Le jeudi 1er mai. — Louvoyant depuis plusieurs jours, les vents constant de O.-N.-O. au O.-S.-O., ce jour à trois heures après midi je rangeai un vaisseau anglois qui faisoit route à bon temps sur l'E -S.-E., il me mit sa couleur et moi la mienne sans nous estre parlé.

Le vendredi 2. — A 9 heures du matin, j'eus connaissance d'un vaisseau à l'ouest de nous qui venoit à notre rencontre, ce vaisseau venant à nous et au vent me fit des signaux de reconnaissance et je lui répondis. Je mis en panne, il vint me ranger. Il s'est trouvé estre le *Duc de Duras*, Cap.^{ne} M. de la Brumanierre, qui me dit qu'il étoit destiné pour la Chine passant à l'Isle de France y déposer son chargement; qu'il avait, partant de Lorient été à Cadix et qu'il en étoit sorti le 11 février dernier. Je pris de ce capitaine quelques lettres pour la Compagnie et pour le Commandant au port de Lorient. Et à trois heures après midy je me suis séparé. J'estimais que le Cap des Aiguilles me restoit ainsi qu'à luy au O.-N.-O. de 45 à 50 lieues.

Le mardi 6. — Au soir m'estimant par 35 deg. 15 m. de latitude le Cap de Bonne Espérance suivant mon estime me restoit au N.-N.-O. Je sondai à 160 brasses de ligne je n'eus pas de fond. Et le jour précédent j'avois eu 90 brasses d'eau et le fond de vase et ce jour le deffaut de fond me confirmoit avoir sorti le banc des Aiguilles. Ne pouvant porter plus loin la bordée du N. je pris celle du Sud. En virant l'on aperçut un vaisseau sur l'avant à nous qui couroit encore la bordée du nord.

Les vents du O.-N.-O. au N.-O. 1/4 O. joli frais en beau temps. J'observai au coucher du soleil la variation N.-O. de 18 degrés 50 m.

Le mercredi 7. — A 7 heures du matin que je courois la bordée du N. les vents du O.-N.-O. au N.-O. 1/4 O. joli frais et en beau temps, nous vîmes un vaisseau devant nous qui couroit le bord du sud. Nous nous rangeâmes à portée du canon. J'avois alors le vent à lui. Je lui mis mon pavillon, il me répondit de même. Je le prenois avant pour mon camarade mais son pavillon me le confirma et l'ayant examiné avec la longue vüe, j'ai toujours été decidé pour luy. A huit heures, les vents me permirent de rendre la bordée du sud meilleure, je la pris, je conservai tout le jour la vue de ce vaisseau jusqu'a la nuit que je le perdis.

Le Dimanche 11. — Après cinq à six jours de vent très contraire, toujours du O.-N.-O. au N.-O., souvent très fort à avoir tous les ris dans les huniers, ayant fait une bonne bordée dans le sud, et ayant eu dans ce jour les vents variables jusque là, je poussai la bordée du nord à midy suivant mon observation de 34 degrés 8 m. de latitude qui me confirma avoir doublé et d'estre au Nord.

Je m'estimais par le méridien à l'est de Paris de 14 degrés, à l'Ouest du Cap de Bonne Espérance de 35 lieues. J'ai donc employé depuis l'Isle de France 38 jours de navigation.

Le lundi 19. — Dans l'après-midi nous vîmes un vaisseau sur notre travers qui faisait la même route que moi. L'ayant examiné je jugeai que ce pouvait être mon camarade le *Beaumont*, que j'avais quitté au passage du Cap de Bonne Espérance le 7 dudit.

Le samedi 24. — Je passoi la hauteur de l'Isle Ste Hélène, sans en avoir eu de connaissance, mon estime étoit d'en estre à l'est de 54 lieues et le vaisseau que j'avais vu le 19 faisait toujours la même routte que moi !

Le samedi 31. — Le jour avant au soir j'eus connaissance de l'Isle de l'Ascension à l'O. 7 à 8 lieues ; alors le vaisseau que j'avois toujours vu étoit derrière moi 3 à 4 lieues. Etant au moment de la nuit, je mis en travers pour la passer, louvoyant à petite bordée. Je mis un feu à poupe, le vaisseau s'y conforma. Pour sa manière je le connus pour le *Beaumont* et au point du jour nous fîmes route pour nous rendre à la rade de cette Isle où nous avons moüillé à 11 heures du matin. Nous y avons trouvé deux vaisseaux *le Duc de Praslin*, capitaine SURVILLE, qui y étoit du jour avant, ainsi qu'un vaisseau suédois que j'avais vu à la Chine. A l'attesrage de cette isle j'aurois trouvé estre plus à l'O. de mon estime de 17 lieues.

Ce même jour au soir le vaisseau suédois mit à la voille avec 11 tortues qu'il avoit partagées avec Mr. de Surville, la pêche se faisant ordinairement en commun.

Le dimanche 1er juin. — Au soir le vaisseau *le Duc de Praslin* mit à la voille avec 22 tortues et nous restons mon camarade et moi pour la pêche de deux nuits.

Juin 1766.

Le mercredy 4. — Au soir tous nos gens pêcheurs embarqués le vaisseau le *Beaumont* et moy nous mettons à la voille avec chacun seulement 11 tortues et nous faisons routte ensemble.

Le mardy 10. — Le vaisseau le *Beaumont* et moy nous avons passé la ligne équinoxiale au 22° degré à l'O. du méridien de Paris.

Le lundi 16. — Depuis les deux degrés nord où nous étions le 11 dudit jusqu'à ce jour nous avons eu sans cesse une pluie des plus considérables et avec des petits vents variables de toute part, le temps si obscur que nous avons été longtemps sans nous voir mon camarade et moy.

Le vendredy 27. — Depuis la ligne sur la routte du N.-O., nous avons élevé la hauteur des isles du Cap Verd et atteint le méridien de 35 degrés 3o m. à l'ouest de celui de Paris.

Juillet.

Le dimanche 6 juillet. — Etant E.-N.-O. et O.-S.-O. des isles des Açores je parloi à un vaisseau anglais qui venoit de l'isle Antique et qui alloit à la côte d'Affrique.

Le jeudy 24 juillet. — Le vaisseau le *Beaumont* et moy nous estimant 4o à 45 lieues à l'ouest de Paimbeuf (côte de Bretagne) le temps brumeux, nous avons eu la sonde de 9o brasses par estime de 47 deg. 5o de latitude.

Le vendredy 25. — J'eus la vue de la côte à midy.

Le samedy 26. — J'arrive à l'isle de Groix, ainsi que le vaisseau le *Beaumont.*

BOUVET.

Abbeville. — Imprimerie F. Paillart.

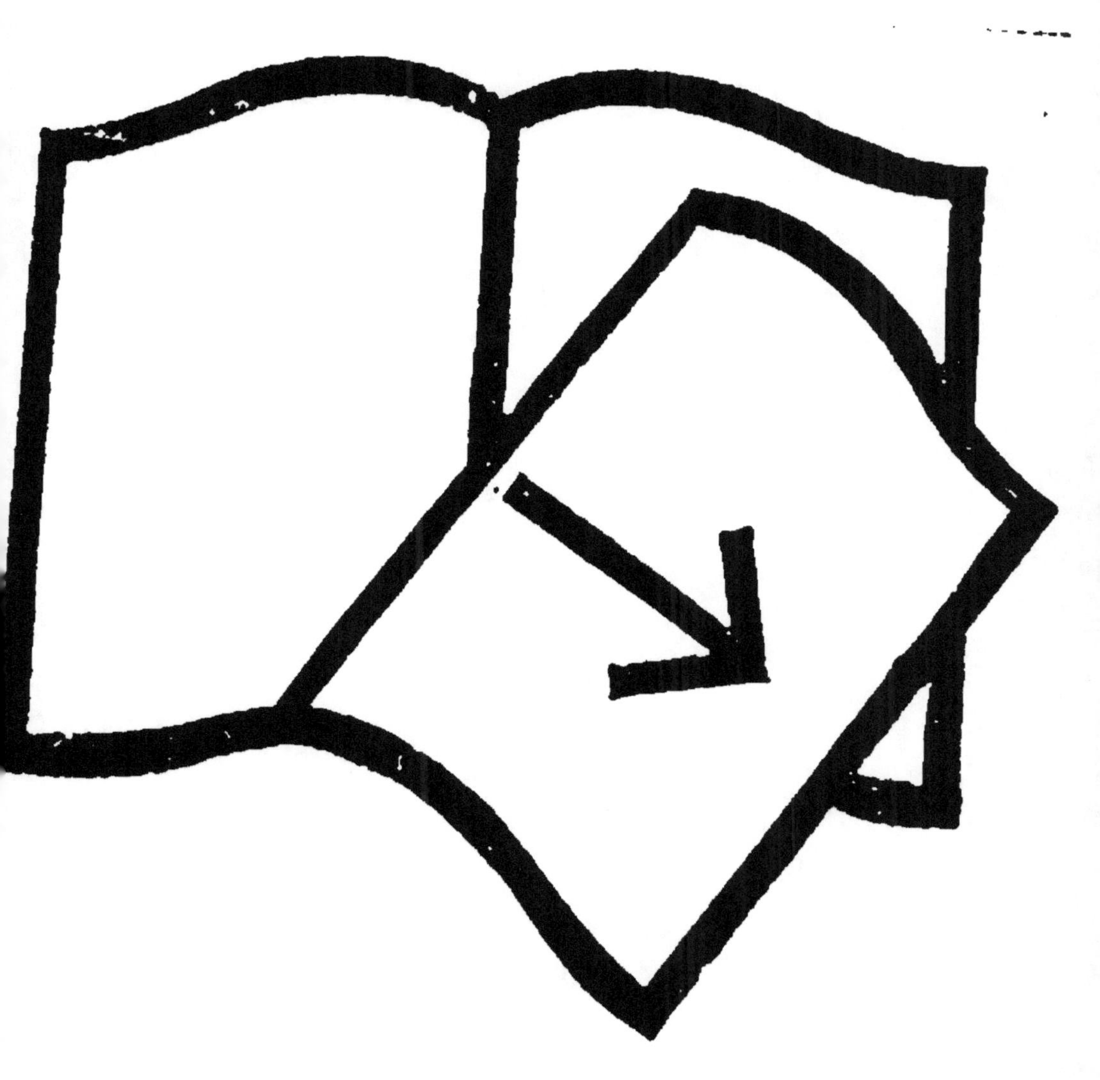

Documents manquants (pages, cahiers...)
NF Z 43-120-13